DINOSTAR
恐龙星际 | 恐龙时代大穿越①

我的
奔跑小恐龙

三叠纪

主编／韩雨江

U0376414

IC 吉林科学技术出版社

目 录
CONTENTS

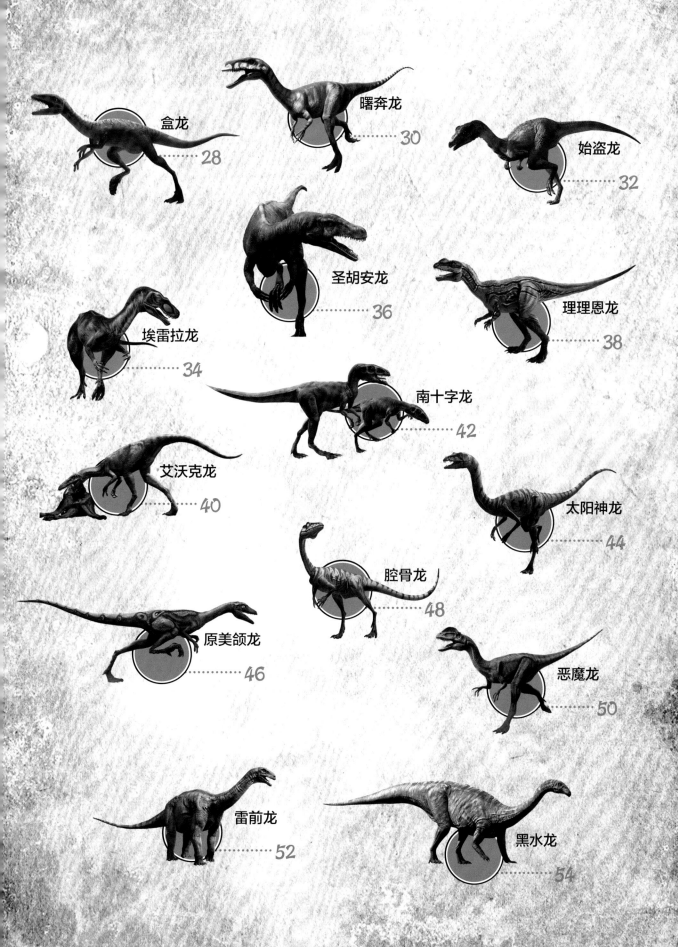

CAMPOSAURUS
坎普龙

·腔骨龙的替身·

我会认

坎 普 狂 奔 求

我会写

奔　　　求

坎普龙属于腔骨龙类，生活在三叠纪晚期的北美洲，是目前已知最古老的兽脚类恐龙之一。坎普龙的化石并不完整，只有后肢的局部以及一些不完整的骨骼。但这些标本已经足够表明它与腔骨龙那极其密切的亲缘关系，以至于有的学者认为坎普龙可能就是腔骨龙的一个种。不过，近年来的研究发现，坎普龙腿部的胫骨、距骨有着与腔骨龙不同的特征。

3米　　　1.8米

拉丁文学名	Camposaurus
学名含义	坎普的蜥蜴
中文名称	坎普龙
类	腔骨龙类
食 性	肉食性
体 重	约50千克
特 征	与腔骨龙非常相似
生存时期	三叠纪晚期
生活区域	美国亚利桑那州

狂奔求生

坎普龙的体形纤细，后肢较为粗壮，想必是一种善于奔跑的恐龙。较快的奔跑速度在三叠纪晚期显得非常重要，不仅可以更高效地抓住猎物，而且可以及时躲避天敌。要知道，恐龙在那时还不是王者。

MUSSAURUS
鼠龙
· 像只小鼠的龙宝宝 ·

拉丁文学名	Mussaurus
学名含义	老鼠蜥蜴
中文名称	鼠龙
类	蜥脚类
食 性	植食性
体 重	约1000千克
特 征	幼体极小的恐龙
生存时期	三叠纪晚期
生活区域	阿根廷

3 米

1.8 米

大眼宝宝

　　你注意到没有，鼠龙宝宝的眼睛显得特别大，而成年鼠龙的眼睛就显得没那么大了，这是为什么呢？有专家认为，这是因为幼龙的面颅很小，眼睛位于面部中间，而随着年龄增加，面部会拉长，眼睛逐渐处于脸部的三分之一处。所以，和成年鼠龙相比，幼年鼠龙的眼睛会显得大一些。另一种解释则是鼠龙的眼区随着面部生长在逐渐变大，而到一定年龄之后，眼区会停止生长。

鼠龙是一种生活在三叠纪晚期的植食性恐龙。鼠龙就是"老鼠蜥蜴"的意思。鼠龙的幼体的体积并不大，只有现代的一只成年猫那么大，最小的仅有 0.2 米长。

异速生长

在生命的最初三年，密林深处就是蜥脚类宝宝的家。在那里，它们的体重以令人惊讶的速度增长着，每天增长超过 2 千克。到第一年年末，鼠龙宝宝的长度就会增加 3 倍，而体重可以达到半吨。所有这一切意味着它们很快就会变得很大，足够应对一些掠食者了。

我会认
鼠 像 眼 逐 渐

我会写
像 □ □ 眼 □ □

07

PLATEOSAURUS
板龙

·陆地巡洋舰·

8米

1.8米

PLATEOSAURUS >>>

拉丁文学名	Plateosaurus
学名含义	宽蜥蜴
中文名称	板龙
类	原蜥脚类
食　性	植食性
体　重	1300~1900千克
特　征	长脖子、长尾巴
生存时期	三叠纪晚期
生活区域	德国、瑞士、法国

板龙是当之无愧的恐龙明星，它是三叠纪最大的恐龙，也是三叠纪最大的陆生动物。板龙的化石发现于 1834 年，并在 1837 年被科学描述，所以它们也是最早被命名的恐龙之一。在分类上，板龙属于原蜥脚类。这类恐龙通常都成群活动，穿越三叠纪晚期那干旱的地区寻找食物来源。板龙在中国的亲戚则是大名鼎鼎的禄丰龙。

胃石的功效

板龙没有咀嚼用的颊齿，因而会吞下石子储存在胃里，然后通过胃的蠕动把这些石头搅拌起来，将吃进去的植物碾磨成糊状。

我会认

板 巡 洋 舰 胃

我会写

板			洋		

MELANOROSAURUS
黑丘龙

·强壮的陆行者·

8 米

1.8 米

牙齿分布

黑丘龙的前上颌骨有 4 颗牙齿，这是原始的蜥脚恐龙的形态特征。它的上颌骨长有 19 颗牙齿，较多的牙齿有助于黑丘龙更好地咀嚼植物。

黑丘龙于 1924 年被古生物学家描述为一种大型的植食性恐龙，属于原始的蜥脚类恐龙。它们可能成群地生活在三叠纪晚期的非洲南部。黑丘龙身体巨硕，四肢健壮，由此推测应该是四足行走。黑丘龙此前被归入原蜥脚类，如今则认为它是已知最早的蜥脚类恐龙之一，具有许多原始的特征，对研究蜥脚类的演化非常有帮助。

中空的脊椎

和后期较进步的蜥脚类恐龙一样，黑丘龙的椎体也是中空的，这种构造可以有效地减轻体重。此外，蜥脚类的脊椎有着相对复杂的构造，是分辨不同物种的重要线索。

MELANOROSAURUS >>>

拉丁文学名	Melanorosaurus
学名含义	黑山蜥蜴
中文名称	黑丘龙
类	蜥脚类
食 性	植食性
体 重	约 1 300 千克
特 征	巨大的身体
生存时期	三叠纪晚期
生活区域	南非

我会认

丘 强 壮 黑 椎

我会写

强			壮		

LOTOSAURUS
芙蓉龙

· 像帆一样的调控仪 ·

LOTOSAURUS >>>

拉丁文学名	Lotosaurus
学名含义	芙蓉蜥蜴
中文名称	芙蓉龙
类	劳氏鳄类
食　性	植食性
体　重	约1000千克
特　征	背部神经棘高大
生存时期	三叠纪中期
生活区域	中国湖南省

我会认

芙 蓉 帆 调 控

我会写

帆			调		

1970 年，张家界桑植县芙蓉桥村村民挖地时，发现很多碎骨头状的石头。这些古怪的石头就是后来的大明星——芙蓉龙的化石。如今，在芙蓉龙化石发掘现场，约 80 平方米的区域内，布满了大量化石，这些化石 90% 以上是芙蓉龙化石，还有少量其他生物的化石。芙蓉龙是一种大型的植食性四足动物，没有牙齿的颌部和背上的帆状物是它最明显的特征。

2.5 米

1.8 米

隆起的帆

芙蓉龙的背上有似帆状的隆起，类似二叠纪时期盘龙类的异齿龙和基龙，只是没有它们那么高而已。古生物学家推测芙蓉龙身上的"帆"可能像"调控仪"一样调节体温，让它更好地适应环境。

喙嘴切割

芙蓉龙的嘴类似现生鹦鹉的喙状嘴，可以用来切割树叶。虽然切割部位坚硬，但越靠近喙状嘴，附着的肌肉就越柔软，可弯曲程度也越大。

13

ARIZONASAURUS
亚利桑那龙

· 亚利桑那的恶魔 ·

我会认

亚 桑 稳 健 晨

我会写

亚			健		

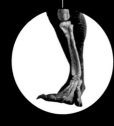

稳健地行走

亚利桑那龙的前肢长有5指，后肢长有4趾，指（趾）部分开呈枫叶状。这样的构造犹如四根柱子，使亚利桑那龙在行走中平稳自如。

三叠纪中期，陆地上最凶猛的动物是亚利桑那龙这样的肉食性劳氏鳄类。它们在沙漠中四处搜寻，专门猎杀那些生活在绿洲的大型植食性爬行动物。亚利桑那龙的第一块化石被发现于 1947 年，当时的科学家误以为那是其他恐龙类化石。直到 2000 年，人们才认识到这属于一种劳氏鳄类。

ARIZONASAURUS >>>

拉丁文学名	Arizonasaurus
学名含义	亚利桑那的蜥蜴
中文名称	亚利桑那龙
类	劳氏鳄类
食 性	肉食性
体 重	不详
特 征	长有高高的背帆
生存时期	三叠纪中期
生活区域	美国

晨际狩猎

亚利桑那龙背部长有高高的背帆，在早晨气温较低的时候，背帆可从阳光中吸取热量，有助于它们保持体温。这也使得亚利桑那龙行动更敏捷，更容易捕食到那些行动迟缓的动物。

5 米

1.8 米

SALTOPUS
跳龙
· 活跃的跳跃者 ·

SALTOPUS>>>

拉丁文学名	Saltopus
学名含义	跳跃的脚
中文名称	跳龙
类	鸟颈类
食 性	肉食性
体 重	约1千克
特 征	体形娇小，牙齿呈小刃状
生存时期	三叠纪晚期
生活区域	苏格兰

1米

1.8米

SALTOPUS >>>

　　生活在三叠纪晚期的跳龙是一种非常小的恐龙，它们和猫咪差不了多少，但依旧是凶猛的肉食性动物。有趣的是，跳龙展现出一些类似兽脚类恐龙的特征，比如中空的骨头。不过它的化石极其稀少且不完整，留给世人的是重重谜团。

快速奔跑

　　由于跳龙身体轻巧，四肢灵活，所以它们跑起来非常轻快，能够很容易地追上自己想要的猎物。

TERATOSAURUS
怪物龙
· 如怪物的外表 ·

6米

1.8米

恐怖大牙

怪物龙的上颌骨上长有几颗大牙（其中最大的一颗长约5厘米）。这些大牙就像牛排餐刀一样，寒光闪闪，会造成猎物致命的伤害。

TERATOSAURUS >>>

在温暖干燥的三叠纪晚期，有一群大型肉食性动物在德国自由自在地生活着，它们的外形类似现在的鳄鱼，又有点像巨型蜥蜴，这就是怪物龙。怪物龙得名于 1861 年，但是其化石的数量非常贫乏。虽然化石稀少且其身世扑朔迷离，但这并不影响怪物龙这种硕大凶猛的生物成为三叠纪晚期的陆地猛兽。

强壮的四肢

怪物龙的四肢充满着力量，既可以支撑强壮的身躯和一条长长的尾巴，又可以平稳行走，还能够快速奔跑去捕食猎物。

我会认

表 怖 躯 充 够

我会写

表 　 　 充

MACROCNEMUS
巨胫龙

·史前饕餮客·

我会认

倾 承 鼻 胫 略

我会写

鼻		略		

细长的牙齿

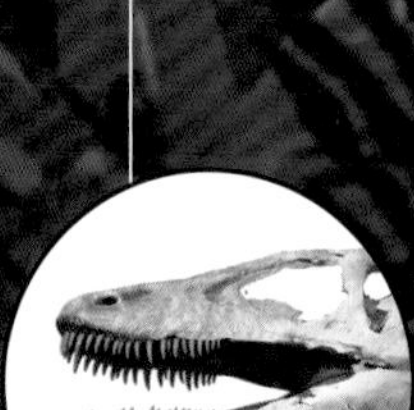

巨胫龙的嘴巴尖细，鼻骨延伸至前上颌骨前端。嘴内牙齿形态相似，但大小不一，均细长且密集排列着。齿尖较尖细，略向后倾斜。这样的牙齿分布可以帮助巨胫龙很好地咬住食物。

巨胫龙是一种神秘而奇特的原龙类，具有非常长的胫骨。它是肉食性的小型陆生动物。巨胫龙生存于三叠纪中期的欧洲与亚洲中国。其中中国的标本发现于云南省富源县，并命名为富源巨胫龙。而来自欧洲的巨胫龙类足迹化石则与大量的鲎一起被保存下来，学者推测这些巨胫龙很可能会捕食鲎以及鲎的卵。

1.8米

0.3米

奇特的长胫骨

巨胫龙具有一个非常长的胫骨，位于小腿的内侧。胫骨为小腿骨中主要承重骨，对支撑身体起着重要作用。

MACROCNEMUS >>>

拉丁文学名	Macrocnemus
学名含义	长胫骨
中文名称	巨胫龙
类	原龙类
食　性	肉食性
体　重	不详
特　征	长胫骨
生存时期	三叠纪中期
生活区域	欧洲

NYASASAURUS
尼亚萨龙

· 尼亚萨湖守护者 ·

我会认

湖 肢 摘 取 植

我会写

湖 　 　 植 　 　

3米

1.8米

较短的前肢

尼亚萨龙有一对较短的前肢，可以自由灵活地摘取植物。

在距今 2.3 亿年前的三叠纪时期，气候非常干燥，裸子植物如松柏和苏铁是陆地上的主要植物，这就使得植食性动物进化成巨大的体形，以便于采食和消化这些植物。尼亚萨龙虽是杂食性动物，但主要以植物为食。尼亚萨龙在 20 世纪 30 年代被发现于坦桑尼亚南部的尼亚萨湖（现名马拉维湖），其周围同样发现许多其他动物的化石，如犬齿兽类和二齿兽类等。

NYASASAURUS >>>

拉丁文学名	Nyasasaurus
学名含义	尼亚萨湖的蜥蜴
中文名称	尼亚萨龙
类	原龙类
食 性	杂食性
体 重	20~60 千克
特 征	双足行走
生存时期	三叠纪晚期
生活区域	坦桑尼亚

以何为食

由于化石并不完整，科学家无法确定尼亚萨龙的饮食习惯。据推测，尼亚萨龙可能与其他早期恐龙类似，主要以小动物、昆虫和植物为食。

POSTOSUCHUS
波斯特鳄
·恐怖的阴霾·

我会认

波 鳄 阴 御 趣

我会写

波			趣		

换牙

波斯特鳄的牙齿替换模式非常有趣。一般来说，很多爬行类，比如现生鳄鱼，新牙直接长于旧牙的下方，逐渐顶出来取代旧牙，而波斯特鳄则可能是等待旧牙完全脱落，新牙才开始生长。

波斯特鳄
POSTOSUCHUS

装甲设备

波斯特鳄的背部是厚重的鳞甲，从颈部上方一直延伸到尾巴，构成了"全天候、全方位、高安保"的防御系统，睡起觉来很安心！

拉丁文学名	Postosuchus
学名含义	波斯特的鳄鱼
中文名称	波斯特鳄
类	劳氏鳄类
食　　性	肉食性
体　　重	250~300干克
特　　征	头颅骨巨大
生存时期	三叠纪晚期
生活区域	美国

4 米

1.8 米

POSTOSUCHUS >>>

三叠纪晚期的北美洲属于热带气候，温暖且潮湿，分布着许多湖泊与河流，在平和舒缓的景致下铺叙出荆棘与危险。就在这里，生活着一种大型的陆栖动物——波斯特鳄。波斯特鳄是现代鳄鱼的远亲，四足行走，有一个大脑袋和长长的尾巴，背部覆盖多排骨板，体形比当时的肉食性恐龙还大，堪称当时该地区的"顶级掠食者"。

SCLEROMOCHLUS
斯克列罗龙
·苏格兰小精灵·

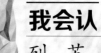

我会认

列	苏	研	究	揭

我会写

列			苏		

0.23米　　1.8米

SCLEROMOCHLUS >>>

拉丁文学名	Scleromochlus
学名含义	坚硬的支点
中文名称	斯克列罗龙
类	鸟颈类
食　性	肉食性
体　重	不详
特　征	后腿很长
生存时期	三叠纪晚期
生活区域	苏格兰

SCLEROMOCHLUS >>>

　　三叠纪晚期的苏格兰生活着斯克列罗龙。它身长约23厘米，体形非常娇小。斯克列罗龙的标本并不齐全，缺少了部分头骨和尾巴。研究表明，斯克列罗龙的步态像袋鼠或跳兔一样，行进时呈现跳跃式。

长长的后腿

　　斯克列罗龙是一种非常奇怪的动物，它的前后肢比例极不协调，后肢比前肢长得多。由于斯克列罗龙的后肢很长，它可能生活在树上，跳跃穿行在树木的枝干之间。

尖细的牙齿

　　斯克列罗龙的嘴是细长的，内部布满了很多细小尖锐的牙齿，这就使得斯克列罗龙在捕猎时可以快速地咬住猎物并撕碎它们。

CASEOSAURUS
盒龙

·三叠纪小恶霸·

CASEOSAURUS >>>	
拉丁文学名	Caseosaurus
学名含义	盒子的蜥蜴
中文名称	盒龙
类	兽脚类
食 性	肉食性
体 重	约 50 千克
特 征	前肢可辅助捕杀猎物
生存时期	三叠纪晚期
生活区域	美国得克萨斯州

2 米 1.8 米

强壮的后肢

盒龙的后肢强壮有力，能够起到支撑身体重量的作用。后肢趾爪分布均匀，可以强化抓地力，使得盒龙在行走时非常平稳。

我会认
盒 弯 曲 捕 捉

我会写
弯 　 　 曲 　 　

皮肤的功能

　　盒龙皮肤的主要功能是避免自身受到昆虫、猎食者和中生代阳光的侵害。皮肤上的花纹能向敌人和同伴传递信息。

指爪力道

　　盒龙的指爪呈弯曲状且十分有力，可以快速有效地捕捉猎物。

CASEOSAURUS >>>

　　20 世纪 90 年代，古生物学家在美国得克萨斯州发现了可追溯至三叠纪晚期的恐龙化石——盒龙。盒龙是一种小型兽脚类恐龙，它的化石非常有限，目前只发现了一些腰带骨。盒龙所在的生态圈还包括了主龙类的特髅龙和其他早期兽脚类恐龙，这些成员中有的留下了一些恐龙足迹化石。

EODROMAEUS
曙奔龙
·黎明的奔跑者·

EODROMAEUS >>>	
拉丁文学名	Eodromaeus
学名含义	黎明的奔跑者
中文名称	曙奔龙
类	兽脚类
食性	肉食性
体重	不详
特征	躯干细长优美
生存时期	三叠纪晚期
生活区域	阿根廷

可抓握的脚趾

曙奔龙两只脚趾各有 4 趾，第 4 趾（相当于人类的小指）的大小同另 3 根相比极小。这样独特可抓握的手部功能能辅助它们捕捉食物。

我会认

黎 望 志 愿 墨

我会写
望 □ □ 志 □ □

1.2米 1.8米

快速的奔跑者

曙奔龙的胫骨长于股骨。据估计，它能以每小时30千米的速度奔跑，不愧为"奔跑者"。

EODROMAEUS >>>

1996年，阿根廷古生物学家里卡多和守望地球组织的志愿者墨菲在阿根廷发现了一个接近完整的恐龙骨架化石，它就是黎明的奔跑者——曙奔龙。曙奔龙是兽脚类的一种，生活在三叠纪晚期，也叫作"墨菲曙奔龙"。这个名字是授予墨菲努力工作的荣誉，因为他过去一直在化石产地工作并发现了曙奔龙，从而让人类更了解恐龙的世界。

EORAPTOR
始盗龙

·月亮谷的小霸王·

双料吃货

始盗龙的颌骨不像早期一些肉食性恐龙那样，上颌骨和前上颌骨之间有个裂口。与其他肉食性恐龙相似，其后面的牙齿像带齿的牛排刀一样，但是前面的牙齿却是树叶状，同植食性恐龙相似。这一特征表明，始盗龙很可能既吃素又吃荤。

EORAPTOR >>>

1993年，始盗龙发现于南美洲阿根廷西北部一处极其荒芜的地方——伊斯巨拉斯托盆地月谷。始盗龙的发现纯属偶然，当时考察队的一位成员在一堆废置路边的乱石块里居然发现了一个近乎完整的头骨化石，于是趁热打铁，对废石堆一带反复"寻查"，最终这种从未见过的恐龙被发现了。 始盗龙是地球上最早出现的恐龙之一，那时候，恐龙已经开始为日后统治地球做好了准备，并迈出了第一步。

1 米   1.8 米

我会认

谷 货 裂 素 荒

我会写

谷　　　货　

爪上 3 趾的力道

　　始盗龙的前肢只有后肢长度的一半，每只爪都有 5 趾。其中较长的 3 根趾被推测是用来捕捉猎物的。科学家推测第 4 趾及第 5 趾都太小，在捕猎的时候没有太大的作用。

HERRERASAURUS
埃雷拉龙
·掠食者始祖·

我会认
埃 摸 巩 科 通

5米

1.8米

HERRERASAURUS >>>

拉丁文学名	Herrerasaurus
学名含义	埃雷拉的蜥蜴
中文名称	埃雷拉龙
类	兽脚类
食 性	肉食性
体 重	210~350 千克
特 征	匕首般的牙齿
生存时期	三叠纪晚期
生活区域	阿根廷

20 世纪 70 年代，古生物学家在当地人埃雷拉的引导下在阿根廷圣胡安附近发现了一种恐龙化石。为了纪念埃雷拉的贡献，学者便以他的名字命名为"埃雷拉龙"。埃雷拉龙是公认的世界上最古老的恐龙之一，它们处于恐龙还是小型动物的时代。但是，这种小型的掠食者已经在演化中崭露头角，并迅速崛起，在日后统治地球达 1.6 亿年之久的各式各样的掠食者身上，都能看到埃雷拉龙的影子。

捉摸不定的猎手

2011 年，科学家通过对比埃雷拉龙、现生鸟类与爬行动物的巩膜环尺寸，认为埃雷拉龙可能属于无定时活跃性的动物，其觅食、运动等行为与白天、黑夜没有直接的关系。

我会写

科			通		

罕见的关节

埃雷拉龙的下颌有个灵活的关节，可以使下颌骨前后移动，紧紧地咬住嘴中的猎物。这种特征在其他恐龙中并不常见，但一些蜥蜴却独自演化出这种特征。

SANJUANSAURUS
圣胡安龙
· 快攻猎手 ·

3 米　　1.8 米

快速出击

　　圣胡安龙的后部背椎和腰带都非常强壮，可以附着更多的肌肉，加上与同类恐龙相比有着更长的后肢，完全两足行走，使其成为快速的掠食者。

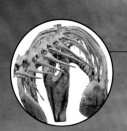

比较发达的前肢

　　从身体比例上看，圣胡安龙的前肢要比埃雷拉龙的弱一些，但这并不影响它使用前肢，实际上，前肢依然是非常有效的辅助捕猎工具。

后身特征

圣胡安龙的耻骨相对较短，长度大约是其股骨长度的一半。此外，圣胡安龙的股骨第四粗隆部附近还长有不平整的沟痕，这些特征有利于肌肉的附着。

SANJUANSAURUS >>>	
拉丁文学名	Sanjuansaurus
学名含义	圣胡安的蜥蜴
中文名称	圣胡安龙
类	兽脚类
食　性	肉食性
体　重	约 200 千克
特　征	耻骨约为股骨长度的一半
生存时期	三叠纪晚期
生活区域	阿根廷

我会认

快 攻 猎 肌 步

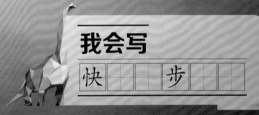

我会写

快 　 　 步 　 　

SANJUANSAURUS >>>

圣胡安龙生活在三叠纪晚期的阿根廷，那里曾经有许多河道流过。1994 年，圣胡安国立大学的古生物学家发现了一具恐龙化石，继而命名为"圣胡安龙"。圣胡安龙是生存年代最早的恐龙之一，同属埃雷拉龙和南十字龙的姊妹分类单元。最初，研究人员以为这件标本是埃雷拉龙的一个新标本，但经过仔细的修复与研究后，认定是新属物种。

LILIENSTERNUS
理理恩龙
·顶级杀手·

LILIENSTERNUS >>>	
拉丁文学名	Liliensternus
学名含义	来自理理恩的蜥蜴
中文名称	理理恩龙
类	兽脚类
食 性	肉食性
体 重	约 130 千克
特 征	长尾巴, 前肢很短
生存时期	三叠纪晚期
生活区域	德国

招摇的顶饰

理理恩龙最特别的就是头顶那招摇的脊冠。脊冠由薄薄的骨头构成，可想而知会有多么不结实。如果脊冠被攻击，可怜的理理恩龙也许就会因痛苦而放弃到嘴的食物。当然这对于猎物来说，就是逃跑的绝佳机会了！

穿过河畔不远处的蕨类树林，你可能就有机会观看到一场三叠纪晚期的激烈打斗。请屏住呼吸，因为两三只理理恩龙正悄然逼近远处悠闲进食的庞然大物，灾祸悄然降临了。理理恩龙是腔骨龙超科的一属，生存于距今约2.15亿至2亿年前。它们长得很像侏罗纪的双脊龙，有着长长的脖子和尾巴，后肢强壮有力，前肢却相当短小。理理恩龙是那个时代最大的掠食者，堪称当时的顶级杀手。

5 米

1.8 米

我会认
恩 顶 级 招 摇

我会写
恩			顶		

原始特征

理理恩龙身上还显示了很多早期肉食性恐龙的特点，比如前肢上有4根脚趾，不过第4趾已退化缩小，后来的肉食性恐龙基本没有第4趾和第5趾了。

ALWALKERIA
艾沃克龙

·印度霸主·

我会认

艾 印 度 杂 沃

我会写

| 印 | | | 杂 | | |

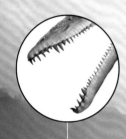

杂食性齿

艾沃克龙的上颌有着异型齿的齿列，前段牙齿是细长笔直的，两旁的牙齿向后弯曲。这种牙齿的排列方式兼顾着植食性和肉食性的特征，所以被推测是杂食性动物，会吃昆虫、小型的脊椎动物和植物等不同食物。

三叠纪晚期的印度，生活着一种非比寻常的恐龙——艾沃克龙。同一时间，当地还生活着一些植食性的原蜥脚类恐龙，它们很可能不幸地成为艾沃克龙的食物。艾沃克龙的标本只有一件，而且并不完整，只包含部分上颌骨、齿骨，以及 28 块不完整的脊椎、股骨的大部分等。所幸，其中的头部骨骼为我们提供了重要的信息，它们的形态与最早期的兽脚类，尤其是始盗龙非常相似。

0.5 米

1.8 米

原始的特征

和其他早期肉食龙一样，艾沃克龙也有相对发达的前肢，这可以使其便捷地抓取植物，或抓捕昆虫和小动物。

ALWALKERIA >>>

拉丁文学名	Alwalkeria
学名含义	艾力克·沃克的蜥蜴
中文名称	艾沃克龙
类	兽脚类
食 性	杂食性
体 重	约 3 千克
特 征	与始盗龙相似
生存时期	三叠纪晚期
生活区域	印度

STAURIKOSAURUS
南十字龙

· 有着专属星座的幸运儿 ·

我会认

南 幸 运 兽 颌

我会写

南 □ □ 运 □ □

STAURIKOSAURUS >>>

拉丁文学名	Staurikosaurus
学名含义	南十字蜥蜴
中文名称	南十字龙
类	兽脚类
食 性	肉食性
体 重	约 30 千克
特 征	后肢长而纤细
生存时期	三叠纪晚期
生活区域	巴西

下颌有玄机

复原后的下颌显示，南十字龙的下巴可能非常灵活，可以做出前后、左右、上下移动的动作。当南十字龙吞食小动物的时候，可以很便利地将猎物往喉咙后方推进。

2米

1.8米

灵敏的奔跑者

南十字龙有着长而纤细的后肢，这是它能快速奔跑的重要特征。南十字龙的后肢可能还有5个脚趾，而后来出现的肉食性恐龙后肢则有3个功能趾和一个非常退化的第一趾。

STAURIKOSAURUS >>>

三叠纪晚期的巴西，生活着已知最古老的恐龙之一——南十字龙。南十字龙的化石记录极为不完整，只有大部分的脊椎骨、后肢和下颌。从南十字龙的长且强壮的后肢以及满口利牙来看，它可能有能力捕杀同它体形差不多大小的猎物。虽然我们不能精确地重现这种恐龙的攻击行为和捕食过程，但是从它那轻盈矫健的身形就不难想象，其食谱肯定不仅仅限于小型爬行类，说不定还包括最早的哺乳类动物——人类的远祖。

TAWA
太阳神龙

· 神祇之龙 ·

我会认

祇 脖 凶 排 锯

我会写

凶 □□□ 排 □□

牛肉餐刀

　　太阳神龙的牙齿向下弯曲且生有小锯齿，就像是一把牛排刀。由此推断，太阳神龙是一种非常凶猛的肉食性恐龙。

2米

1.8米

古生物学家在美国新墨西哥州的幽灵牧场挖掘出三叠纪晚期的兽脚类恐龙——太阳神龙的化石。太阳神龙生活于距今 2.15 亿年前，它的发现非常重要，因为它显示出恐龙起源于南部的盘古大陆，并极快地扩散到整个盘古大陆。目前，已经发现了约 10 件太阳神龙骨骼化石，为研究提供了充足的信息。

S 形脖子

和同期的兽脚类恐龙一样，太阳神龙也有着接近 S 形的脖子，这个特征延续到后期几乎所有兽脚类恐龙的身上。这个特征使得掠食者更加灵活，有利于捕猎。

拉丁文学名	Tawa
学名含义	太阳神
中文名称	太阳神龙
类	兽脚类
食 性	肉食性
体 重	约 40 千克
特 征	小型敏捷
生存时期	三叠纪晚期
生活区域	美国新墨西哥州

PROCOMPSOGNATHUS
原美颌龙
·符腾堡小刺客·

PROCOMPSOGNATHUS >>>

拉丁文学名	Procompsognathus
学名含义	美颌龙的祖先
中文名称	原美颌龙
类	兽脚类
食 性	肉食性
体 重	不详
特 征	体形小，嘴长
生存时期	三叠纪晚期
生活区域	德国

大型爪

原美颌龙的四肢前短后长，长着与它可爱体形不符的锋利大爪，为它捕食昆虫、蜥蜴或其他小型动物提供了很好的武器装备。

原美颌龙是一种小型的兽脚类恐龙，生活在三叠纪晚期德国干燥的内陆环境中。它早在 1913 年就被命名，不过化石保存不完整，使其难以被确凿地分类。尽管如此，其不完整的头部和后半身还是明确地表明了原美颌龙属于肉食性的兽脚类恐龙。最初研究者认为它与美颌龙非常相似，是后者的祖先，早于美颌龙约 5 000 万年。不过，之后的研究并不支持这两种恐龙之间有着直接关联的说法，原美颌龙目前被归于腔骨龙类中。

"指挥棒"尾巴

原美颌龙有一条坚挺的尾巴。它就像音乐家的指挥棒，指挥音乐会的整体演奏一样，引领着原美颌龙的整个身体，让原美颌龙可以快速平稳地奔跑活动，或捕食猎物，或躲避敌人和灾难。

1 米

1.8 米

我会认

腾 德 提 整 避

我会写

德			提	

COELOPHYSIS
腔骨龙

·幽灵牧场绝响·

两性差异

目前发现的腔骨龙有两种形态，一种较苗条，一种较强壮。古生物学家认为这代表两性异形，就是雄性与雌性腔骨龙的分别。

COELOPHYSIS >>>

1947 年，在美国新墨西哥州的幽灵牧场，古生物学家发现了一个大型的腔骨龙骨层。这么多腔骨龙的化石可能是由洪水造成的，洪水将它们集体冲走并由沙泥土掩埋，最终成为化石。腔骨龙最著名的事迹就是它们"手足相残"。早年科学家在腔骨龙的腹腔中发现了一些细小的骨骼，这些骨骼属于幼年的腔骨龙，并且有着被消化的迹象。新的研究表明，这些所谓的幼年腔骨龙其实是一些小型的主龙类。

后弯的利齿

腔骨龙的嘴里布满了向后弯曲、似剑的牙齿，而且在这些牙齿的前后缘有小的锯齿边缘。这是典型的掠食性恐龙的牙齿。腔骨龙会用这样的牙齿去捕杀猎物。

我会认

矫 州 哺 乳 舵

我会写

州			舵		

3米

1.8米

尾部有法宝

腔骨龙长尾巴的关节突互相交错，形成半僵直的结构，使得尾巴更加结实。当腔骨龙快速移动时，尾巴就成为了舵或平衡器。

COELOPHYSIS >>>

拉丁文学名	Coelophysis
学名含义	空心形态
中文名称	腔骨龙
类	兽脚类
食 性	肉食性
体 重	15~20千克
特 征	身体纤细
生存时期	三叠纪晚期
生活区域	美国新墨西哥州

ZUPAYSAURUS
恶魔龙

· 魔鬼的化石 ·

6 米

1.8 米

ZUPAYSAURUS >>>	
拉丁文学名	Zupaysaurus
学名含义	恶魔的蜥蜴
中文名称	恶魔龙
类	兽脚类
食　性	肉食性
体　重	约 250 千克
特　征	头上有脊冠
生存时期	三叠纪晚期
生活区域	阿根廷

恶魔龙
—
ZUPAYSAURUS

脊冠疑云

　　和不少早期的双脊龙类一样，恶魔龙的头上也有两个小型的冠状物。不过，与双脊龙不同，这些冠状物主要是由鼻骨组成的，而双脊龙的则是由鼻骨和泪骨共同组成的。这些冠状物可能用于种内识别或者向异性炫耀。

我会认

骇　凹　密　延　疑

我会写

骇			密		

充分利用的前肢

　　恶魔龙像其他兽脚类一样用后腿走路。它们的前肢细长，能够用来抓猎物，而不像暴龙的前肢那么短小，没有什么实际的用途。

ZUPAYSAURUS >>>

　　三叠纪晚期南美洲的阿根廷地区，生活着一种让人毛骨悚然、骇人听闻的恐龙——恶魔龙！恶魔龙的化石罕见，现在已知的只有一副恶魔龙化石。恶魔龙是一种中等大小的兽脚类恐龙，其脑袋硕大，长约45厘米，口中密布利齿，非常凶猛。它最醒目的特征是头上有一对脊冠，而且前上颌骨及上颌骨之间有一个小型的凹陷。这些特征在早期的双脊龙类中都有体现，后者可能是为了便于从缝隙中抓到小动物，有学者甚至宣称这是一个适合捕抓鱼类生物的特征。

ANTETONITRUS
雷前龙

·雷龙的"变奏曲"·

ANTETONITRUS >>>	
拉丁文学名	Antetonitrus
学名含义	雷龙之前
中文名称	雷前龙
类	蜥脚类
食性	植食性
体重	约1500千克
特征	体形庞大，四肢强壮
生存时期	三叠纪晚期
生活区域	南非

8米

1.8米

我会认

雷 秦 纯 撑 惑

我会写

雷			纯		

四根巨柱

雷前龙主要以四足方式前行，它们的四肢非常强壮，像四根大柱子一样，能够起到支撑身体重量的作用。

雷前龙是已知最古老的蜥脚类恐龙，生存于三叠纪晚期的非洲南部。当时地球上的陆地都聚合在一起，恐龙们可以四处迁徙，自由活动。作为四足行走的植食性恐龙，雷前龙要比它在中生代中晚期的亲戚们小一些，但也达到了 8 米长，仍然是其生活环境中最大型的恐龙。有趣的是，雷前龙还保存了一些原始的适应性演化特征，比如其前肢还保存有抓握的能力，而非单纯支撑身体。命名为雷前龙则是为了向雷龙（也就是迷惑龙）致敬。

灵活的前肢

与其他早期生物相比，雷前龙的腕骨比较宽厚，可以支撑身体的重量，并且雷前龙的拇指灵活，能用手掌抓取东西。但进化后的蜥脚恐龙却丧失了这种功能，它们的前肢只能用来支撑身体。

UNAYSAURUS
黑水龙

· 来自巴西的大发现 ·

2.5 米

1.8 米

后肢站立

　　黑水龙的后肢可能要比前肢长且粗壮许多，这表明黑水龙是用后肢站立的，会用后肢辅助身体去够树上高处的树叶。

UNAYSAURUS >>>	
拉丁文学名	Unaysaurus
学名含义	黑水蜥蜴
中文名称	黑水龙
类	蜥脚类
食　　性	植食性
体　　重	不详
特　　征	像一只苗条的板龙
生存时期	三叠纪晚期
生活区域	巴西

黑水龙属于蜥脚类，是已知最古老的恐龙之一。它的化石被发现于1998 年，化石发现地点位于巴西东南部的一个地质公园中。与后期那些庞大的蜥脚类恐龙不同，黑水龙的体形相当娇小，体长还不到 3 米。黑水龙的骨骼结构与欧洲的板龙非常相似，这表明，在三叠纪时期的陆地上，由于没有地理阻隔，恐龙动物群可自由地在陆地间迁徙。因此，巴西和欧洲距离如此遥远，却有着相似的物种就不足为奇了。

"菜刨"牙齿

黑水龙的牙齿边缘呈锯状，就像我们常用的菜刨一样。它们会充分利用这样的牙齿构造将蕨类植物拽入口中，美美地享用。

我会认
脚 蜥 蜴 菜 刨

我会写
脚 □ □ 菜 □ □

图书在版编目（CIP）数据

我的奔跑小恐龙三叠纪 / 韩雨江主编. — 长春：
吉林科学技术出版社，2017.10
ISBN 978-7-5578-2978-0

Ⅰ．①我… Ⅱ．①韩… Ⅲ．①恐龙－儿童读物 Ⅳ.
①Q915.864-49

中国版本图书馆CIP数据核字(2017)第206376号

WO DE BENPAO XIAO KONGLONG SANDIEJI

我的奔跑小恐龙三叠纪

主　　编　韩雨江

科学顾问　徐　星　[德]亨德里克·克莱因

出 版 人　李　梁

责任编辑　朱　萌　李永百

封面设计　长春美印图文设计有限公司

制　　版　长春美印图文设计有限公司

开　　本　889 mm×1194 mm　1/16

字　　数　50千字

印　　张　3.5

印　　数　8 001-16 000册

版　　次　2017年10月第1版

印　　次　2017年12月第2次印刷

出　　版　吉林科学技术出版社

发　　行　吉林科学技术出版社

地　　址　长春市人民大街4646号

邮　　编　130021

发行部电话/传真　0431-85652585　85635177　85651759
　　　　　　　　　　　　　　85651628　85635176

储运部电话　0431-86059116

编辑部电话　0431-85659498

网　　址　www.jlstp.net

印　　刷　吉广控股有限公司

书　　号　ISBN 978-7-5578-2978-0

定　　价　22.80元